Die unglaubliche Reise an den Anfang der Zeit

DIESES BUCH ist wie eine Zeitmaschine, mit der du von der Gegenwart in die Vergangenheit reist. Gelegentlich hält sie an. Dann siehst du, wie es zu einem bestimmten Zeitpunkt der Vergangenheit auf der Erde aussah.
Zunächst führt dich deine Reise Jahrhunderte zurück – in das Viktorianische Zeitalter, in das Mittelalter, in die Römerzeit, zu den frühen Hochkulturen. Später überspringst du Jahrtausende – in die Frühzeit des Menschen –, dann Jahrmillionen in das Zeitalter der Dinosaurier, in eine Zeit, in der es kein Leben an Land gab … und bis zur Entstehung der Erde.
Deine Zeitmaschine besitzt vier Fenster. Durch sie kannst du beobachten, wie sich vier ganz verschiedene Orte der Erde im Laufe der Zeit verändern: New York City, Südwestfrankreich, das Niltal in Ägypten und Nordchina. Der Ausschnitt bleibt stets derselbe, doch du wirst sehen, dass sich der Anblick von einem Halt zum andern grundlegend verändert …

Tessloff Verlag

DIE WELT HEUTE

- Es leben fast 6 Milliarden Menschen auf der Erde, etwa ein Fünftel davon in China. Der größte städtische Ballungsraum ist Tokio in Japan mit etwa 27 Millionen Einwohnern. Die Weltbevölkerung nimmt täglich um etwa 236.000 Menschen zu.
- Das höchste Bauwerk ist das 452 m hohe *Petronas Center* in Kuala Lumpur, Malaysien.
- Mit der *Concorde* reist man in 3 1/2 Stunden von Europa nach Amerika.
- Die Menschen erreichten die Pole (Nordpol 1909, Südpol 1911), entdeckten das Penicillin (1928), spalteten das Atom (1938), zündeten eine Atombombe (1945), landeten auf dem Mond (1969), schickten eine Raumsonde zu den Planeten (1975-1989) und rotteten die Pocken aus (1977).

„Die Ampel wird grün und die Fußgänger drängen vom Gehsteig auf die Straße. Rollschuhfahrer flitzen zwischen Büroangestellten, Frauen mit Einkaufstüten und Schulkindern hindurch. Alle ethnischen Gruppen sind vertreten: Farbige, Weiße, Asiaten und viele andere. Die Autos stauen sich und das ungeduldige Aufheulen ihrer Motoren kündigt an, dass sie gleich wieder die Straße zurückerobern werden."

NEW YORK
USA

HEUTE

NEW YORK ist die größte Stadt eines der mächtigsten Staaten der Erde, den USA. Die Straßen sind ständig mit Fußgängern, Autos, Bussen und Taxis überfüllt. Millionen von Menschen pendeln täglich zur Arbeit in das Zentrum. Wolkenkratzer wie das World Trade Center wurden anstelle älterer Gebäude errichtet. Unter den Straßen des Zentrums verläuft ein ausgedehntes unterirdisches U-Bahn-Netz.

WESTEUROPA ist eines der reichsten Gebiete der Erde. Sogar auf dem Land, wo früher arme Bauern lebten, herrscht Wohlstand. Moderne Maschinen erledigen heute die Arbeit auf dem Feld und im Stall. Deshalb fahren viele Dorfbewohner jeden Tag mit dem Auto oder dem Zug zur Arbeit in die nächste Stadt. In ihren bequem eingerichteten Häusern stehen Fernseher, Videogeräte und CD-Player.

DIE BEVÖLKERUNG Ägyptens ist von 9 Millionen im Jahr 1900 auf heute mehr als 57 Millionen angewachsen. Es ist ein armes Land, das hauptsächlich vom Tourismus lebt. Aus aller Welt kommen Besucher, um die Pyramiden und die Tempel von Theben zu bestaunen oder eine Nilkreuzfahrt zu machen. Die Hälfte der Bevölkerung Ägyptens lebt heute noch auf dem Land.

IM 20. JAHRHUNDERT machte China eine grundlegende Wandlung durch. 1911 wurde der letzte Kaiser gestürzt. 1949 übernahm die kommunistische Partei die Regierung. Dreiviertel der etwa 1 Milliarde Chinesen leben heute noch von der Landwirtschaft. Doch allmählich findet eine Modernisierung statt. Ein ganz wichtiger Industriezweig ist heute der Kohlebergbau.

DIE WELT IM JAHR 1900

- Die Weltbevölkerung beträgt ungefähr 1,6 Milliarden Menschen. Die größte Stadt ist London mit mehr als 7 Millionen Einwohnern.
- Es gibt etwa 50 unabhängige Staaten (heute dagegen ungefähr 170).
- Das höchste Bauwerk ist der 300,5 m hohe Eiffelturm.
- Auf dem Seeweg ist man von Europa nach Amerika 4 1/2 Tage unterwegs.
- Es gibt schon Autos, Kameras, Filme, Radios, Telefone, elektrische Wasserkocher und *Coca Cola*. Staubsauger (1901), Flugzeuge (1903), Verkehrsampeln (1914) und das Fernsehen (1926) müssen erst noch erfunden werden.

„Die Straßen sind voller geschäftiger Menschen. Mit Anzügen und Hüten bekleidete Männer laufen allein oder in Begleitung die Gehsteige entlang. Pferdebusse rasseln die Straßen hinunter. Das Klappern der Hufe auf dem Kopfsteinpflaster und das Quietschen der Eisenräder in den auf der Straße verlegten Gleisen hört man schon von weitem. Ein Kindermädchen überquert die Straße. Sie schiebt einen Kinderwagen aus Weidengeflecht, in dem das ihr anvertraute Baby trotz des Straßenlärms selig schläft."

1900

NEW YORK
USA

NEW YORK ist eine geschäftige Stadt. Die Insel Manhattan wurde fast vollständig bebaut. In diesem Stadtteil leben wohlhabende Leute. Sie haben große Häuser und Bedienstete und fahren in Pferdedroschken. Der New Yorker Hafen ist einer der betriebsamsten der Erde. Schiffe aus allen Erdteilen legen hier an. Hier treffen Einwanderer aus aller Welt ein, die sich in den Vereinigten Staaten ein besseres Leben erhoffen.

FABRIKEN sind in ganz Europa entstanden. Ihre Erzeugnisse tauchen nun überall in den Dörfern und Städten auf. Die Bauern verwenden Maschinen bei der Feldarbeit. Man kann mit dem Fahrrad von einem Dorf zum anderen fahren. Auf längeren Strecken reist man mit dem Dampfzug. Mit der Eisenbahn können die Bauern in die Städte fahren, um dort ihre Erzeugnisse zu verkaufen oder Arbeit in den Fabriken zu suchen.

ÄGYPTEN wird wie fast alle afrikanischen Länder von einer europäischen Kolonialmacht beherrscht, von England. Auf dem überfüllten Basar sieht man europäische und ägyptische Gesichter. Ägypten ist ein wichtiger Umschlagplatz für Waren aus ganz Afrika und Asien. Man kann fast alles auf der Straße kaufen: Teppiche, Kleidung, Tuche, Gewürze, Töpfe und sogar Tiere.

CHINA wurde über 250 Jahre von den Mandschukaisern beherrscht. Dann brach das Riesenreich zusammen, das Land wurde durch Kriege verwüstet und der einstige Wohlstand verschwand. Das Leben der Bauern ist hart. Die Bevölkerung ist gewachsen und deshalb verringerte sich der Landbesitz pro Kopf. Waren werden hauptsächlich mit Kamelen oder Mulis befördert.

DIE WELT IM JAHR 1650

• Es leben ungefähr 610 Millionen Menschen auf der Erde. Die größte Stadt ist Peking in China mit etwa 1 Million Einwohnern.

• Das höchste Gebäude ist vermutlich die Kathedrale *Notre Dame* in Strassburg, deren Turmspitze 141 m in den Himmel ragt.

• Wissenschaftler nutzen die neuesten Erfindungen: das Mikroskop (um 1590), das Teleskop (1608), das Thermometer (1592), die Rechenmaschine (1623) und das Barometer (1643).

• Die Europäer kennen alle Kontinente außer der Antarktis. In Süd- und Mittelamerika und an der Ostküste Nordamerikas errichteten Europäer neue Siedlungen. Bislang wagte man erst wenige Expeditionen ins Innere Afrikas und noch kein Europäer hat bis zu diesem Zeitpunkt das australische Festland betreten.

• Die Reise von Europa nach Amerika dauert auf dem Seeweg etwa 3 Monate.

„Auf dem Dorfplatz riecht es nach frisch aufgebrühtem Tee, Holz und Vieh. Auf der Straße tauschen die Menschen Neuigkeiten aus. Das Gemurmel ihrer Unterhaltungen wird vom Rumpeln eines Mahlwerks, das von zwei starken Ochsen angetrieben wird, und dem Geschrei spielender Kinder begleitet. Arbeiter schleppen schwere Lasten und wohlhabendere Leute in wallenden Gewändern bahnen sich ihren Weg durch die Menschengrüppchen.“

NORDCHINA

1650

NEW YORK, USA

SÜDWEST-FRANKREICH

HOLLÄNDER kauften unlängst den Eingeborenen die Insel Manhattan ab (für ungefähr 25 Dollar) und gründeten eine Siedlung namens Neu-Amsterdam auf der Südspitze der Insel. Die Stadt hat etwa 1000 Einwohner und 120 Häuser, von denen viele im typisch niederländischen Stil aus Ziegeln und mit einem steilen Dach gebaut sind. 1664 übernimmt die englische Marine die Ansiedlung und tauft sie in New York um.

ZUR SCHUR werden die Schafe von ihren Weiden auf den Hügeln ins Dorf getrieben. Händler aus größeren Städten kaufen die Wolle und verkaufen sie an Tuchhersteller. Man kann nur zu Pferd, in Pferdekutschen oder zu Fuß reisen. In Frankreich herrscht dank der florierenden Landwirtschaft Wohlstand, die Bevölkerung ist zahlreich. Unter König *Ludwig XIV* (der erst 11 Jahre alt ist) wird es zu einer der mächtigsten Nationen der Erde.

NILTAL, ÄGYPTEN

NORDCHINA

ÄGYPTEN gehört jetzt zum mächtigen Osmanischen Reich und wird von Istanbul in der Türkei aus regiert. Die osmanischen Herrscher haben das Land fest unter Kontrolle. Sie setzen gut ausgebildete Soldaten ein, die Janitscharen (vom türkischen Wort für "neues Heer"), um ihre Befehlsgewalt im ganzen Reich zu behaupten. Hier sieht man die Soldaten auf Kamelen reiten.

NACHDEM 300 Jahre lang die Kaiser der Mingdynastie geherrscht hatten, wurde das chinesische Reich bis weit in den Nordosten von den Mandschu besetzt. Die Bevölkerung wächst weiter und die Dörfer entwickeln sich weiterhin prächtig. Man sieht hier einige Handwerker fleißig arbeiten, andere trinken Tee, der jetzt in ganz China beliebt ist.

DIE WELT IM JAHR 1250

• Auf der Erde leben etwa 360 Millionen Menschen, ungefähr 240 Millionen (zwei Drittel) von ihnen in Asien.

• Die größte Stadt ist Hangtschou in Südchina mit fast 1,5 Millionen Einwohnern.

• Das Mongolenreich erlebt seine Hochblüte. Das größte Landreich aller Zeiten erstreckt sich von Korea im Osten bis nach Polen im Westen und umfasst China, Russland, Mittelasien und einen Großteil des Mittleren Ostens.

• Die Chinesen hatten schon vor Jahrhunderten das Papier, den Buchdruck, Papiergeld, den Regenschirm, die Schubkarre, Streichhölzer, Schießpulver, Spinnapparate und den Magnetkompass erfunden.

• Europäische Reisende wagten sich nach Asien und umfuhren die Nordwestküste Afrikas. Die Wikinger überquerten von Skandinavien aus den Atlantik und kolonisierten Neufundland (um das Jahr 1000).

„Das Städtchen ist in heller Aufregung. Heute ist Jahrmarkt und aus der ganzen Umgebung treffen Händler mit ihren Waren ein. Pferde und Karren sind mit Getreidesäcken beladen und Bauern treiben Schweine, Kühe und Schafe durch die Straßen. Marktschreier preisen in der Menge lauthals ihre Waren an. Ihre Rufe gehen im Lärm und Stimmengewirr, dem Gekreische der Kinder, dem Gebrüll und Geschnaube der Tiere und der fröhlichen Musik von Sängern und Geigenspielern unter."

1250

SÜDWEST-
FRANKREICH

DIE UREINWOHNER der Insel Manhattan leben in Holzhäusern, die mit Baumrinden gedeckt sind. Sie jagen, fischen und bauen Feldfrüchte an. Zum Schutz vor feindlichen Stämmen errichteten sie rings um ihre Dörfer Palisaden aus Pfählen. Jeden Sommer kommen die Häuptlinge der Dörfer zu einer Versammlung, einem "Powwow", zusammen. Nach ihrem Tod werden die Häuptlinge in von Palisaden umgebenen Häusern bestattet.

WIE VIELE TEILE Europas wird Südwest-Frankreich im Mittelalter von wohlhabenden Landbesitzern beherrscht. Die Bauern bebauen das Land und entrichten Abgaben an die Herren. Die Bevölkerung nimmt rasch zu. Deshalb werden Wälder abgeholzt, um Raum für Dörfer und Felder zu schaffen. Die Bauern tauschen auf Märkten Tiere oder Getreide gegen die Waren reisender Händler ein.

1250

ARABER eroberten Ägypten vor über 600 Jahren. Seitdem wurden viele Einwohner Moslems (Anhänger der Lehren des Propheten Mohammed). Die ägyptischen und arabischen Einwohner vermischten sich, die meisten sprechen Arabisch. Ihre Städte besitzen dicke Mauern und Moscheen – moslemische Gebetsstätten – mit hohen Türmen, den Minaretten.

NORDCHINA wird jetzt von den Mongolen beherrscht. In den letzten Jahrhunderten nahm die Bevölkerung Chinas beträchtlich zu und wurde wohlhabend. Vielerorts entstanden Märkte. Leute aus anderen Dörfern bringen ihre Waren auf Schubkärren oder in Körben. Die Märkte ziehen Kaufleute und fahrende Gaukler an.

DIE WELT IM JAHR 100 n. Chr.

- Es leben etwa 180 Millionen Menschen auf der Erde, ungefähr 125 Millionen (70%) davon in Asien. Die größte Stadt ist Rom (das im Jahr 64 bis auf die Grundmauern abbrannte) mit etwa 1 Million Einwohnern.
- Vier Reiche beherrschen die Welt: das Römische Reich in Europa, die Han-Dynastie in China, die Parther in Mittelasien und die Kushan in Nordindien. Sie treiben Handel, vor allem mit Seide, Glas, Gold und Silber.
- Das Römische Reich hat seine Blüte fast erreicht. Es ist so groß wie Australien und erstreckt sich von Schottland bis nach Ägypten und von Portugal bis zur Ostküste des Schwarzen Meers.
- Nach und nach werden das Papier (105), die Kuppel (128) und die Schubkarre (200) erfunden. Es gibt schon Münzen, Teppiche, Katapulte und Uhren.

„Mit Heu beladene Ochsenkarren kommen von den Feldern herein und drängen sich mit den Soldaten, Kaufleuten und Stadtbewohnern auf den belebten Straßen. Die römischen Soldaten, die eine andere Sprache als die Einheimischen sprechen (nämlich Latein), tragen glänzende Rüstungen und sind mit großen Schilden und Schwertern bewaffnet. Die Häuser, die oft hübsche Balkone und Säulen besitzen, sind sorgfältig aus Stein und Holz gebaut und sehen aus, als seien sie für die Ewigkeit gemacht. Es gibt sogar Trittsteine auf den Straßen, damit man sie auch nach heftigen Regengüssen überqueren kann."

SÜDWEST-FRANKREICH

DIE UREINWOHNER AMERIKAS haben sich an diesem geschützten Teil der Küste niedergelassen. Sie ziehen nicht mehr von Lager zu Lager auf der Jagd nach Wild. Sie betreiben jetzt Ackerbau und wohnen in fest gebauten Hütten aus Ästen und Tierhäuten. Ihr Hauptnahrungsmittel, Mais, wird auf kleinen Feldern rings um das Dorf angebaut. Die Siedler fangen weiterhin Fische und sammeln Früchte und Beeren.

WIE WEITE TEILE Europas wurde Südwest-Frankreich von der mächtigen römischen Armee erobert und dem großen Reich einverleibt. Die Römer errichten ein Netz neuer, schnurgerader Straßen in Europa. Sie erbauen auch viele neue Städte mit prächtigen Gebäuden und hohen Stadtmauern. Außer den Amtsgebäuden gibt es Wohnhäuser, Marktbuden, Bäder und manchmal sogar ein Theater.

IN DEN letzten 130 Jahren gehörte Ägypten wie Frankreich zum Römischen Reich. Ägypten ist ein bedeutender Getreidelieferant. Kaufleute verschiffen das Getreide über das Mittelmeer und verkaufen es auf den Märkten in Rom. Das Leben der Bauern hat sich seit Jahrhunderten nicht geändert. Jedes Jahr warten sie darauf, dass der Nil ihre trockenen Felder überschwemmt.

SCHON SEIT fast 300 Jahren ist China zu einem riesigen Reich vereint, das ein Kaiser regiert. Das Reich ist sehr straff organisiert. Regierungsbeamte reisen auf eigens dafür gebauten Straßen von Ort zu Ort. Sie verkünden Erlasse, die alles Mögliche regeln, beispielsweise welche Gewichts- und Maßeinheiten zu verwenden sind oder welches Getreide angebaut werden muss.

1500 v. Chr.

DIE WELT IM JAHR 1500 v. CHR.

- Es leben etwa 30 Millionen Menschen auf der Erde. Die größte Stadt ist vermutlich Ur in Mesopotamien mit 250.000 Einwohnern.
- Das höchste Bauwerk ist die etwa 1000 Jahre zuvor errichtete Cheops-Pyramide in Gizeh. Sie ist 146,5 m hoch und hält den Rekord weitere 3000 Jahre (obwohl sie 10 m kleiner wird, als die obersten Steine herunterfallen).
- Die Menschen haben die meisten Teile der Erde besiedelt, auch die Arktis und die Südspitze Südamerikas. Es dauert jedoch noch mehr als 2000 Jahre, bis sie Neuseeland erreichen.
- Die einzigen Menschen, die schreiben können – wahrscheinlich nur ein paar tausend – leben im Mittleren Osten, Ägypten, der Türkei, China und auf der Mittelmeerinsel Kreta.
- Menschen benutzen Nadeln, Nägel, Spiegel, Bäder, Flaschen, Löffel und Bälle.

„Nicht weit von uns entfernt beginnt die Wüste, die dieses Gebiet einschließt. Doch hier an diesem prächtigen Fluss herrscht reges Leben. Es gibt Bäume, Kornfelder, weiße Häuser, die kleine Dörfer bilden, und prachtvolle Tempel. Kleine Schilfboote und einige ziemlich große Segelschiffe bevölkern den Fluss. Menschen bringen die Ernte auf den Feldern ein, hüten Vieh, bereiten in den Häusern Essen zu oder fangen Fische am Fluss. Ein Mann gießt Wasser aus dem Fluss in einen neu gegrabenen Kanal.“

NILTAL, ÄGYPTEN

DIESER TEIL der Insel Manhattan ist ein sumpfiger Wald. Hier leben kleine Gruppen von Menschen. Sie bauen für einige Wochen ein Lager und ziehen dann weiter. Sie leben von dem, was sie im Wald oder in den Flüssen erbeuten. Die Frauen sammeln Beeren und Nüsse, die Männer jagen Wild mit Speeren. Sie fischen mit einfachen Netzen. Mit Kanus aus ausgehöhlten Baumstämmen können sie auch in tieferem Wasser fischen.

DIE MEISTEN Menschen leben in kleinen Dörfern. Sie pflanzen Getreide an und halten Vieh. Alles, was sie zum Leben brauchen, stellen sie selber her. Manchmal haben sie Getreide übrig, das sie gegen kostbare Metalle tauschen können. Sie besitzen wenige Hilfsmittel, aber sie haben leichte Holzpflüge, mit denen sie den Boden aufbrechen und lockern. Mit der Hilfe von Ochsen ziehen sie Furchen in den Ackerboden.

ÄGYPTEN ist seit 1500 Jahren ein Königreich. Die Herrscher, die Pharaonen, bauen Paläste, Pyramiden und Tempel. Die Götterverehrung spielt eine sehr wichtige Rolle im Leben der Ägypter. Die einfachen Leute bebauen das Land am fruchtbaren Nilufer. Sie pflanzen Emmer und Gerste an und züchten Vieh. Mit dem *Shaduf* wird Wasser aus dem Fluss geschöpft.

DIES IST eines der reichsten Gebiete der Erde. Es ist die Zeit des Shangreichs. Der König verfügt über eine Armee und treibt Steuern von seinen Untertanen ein. Es gibt viele gute Handwerker, die besonders geschickt bei der Bronzeverarbeitung sind. Sie stellen bronzene Kochtöpfe und Messer her, außerdem hölzerne Wagen und Schmucksstücke aus Jade.

5000 v. Chr.

DIE WELT IM JAHR 5000 v. CHR.

- Die Weltbevölkerung beträgt ungefähr 6 Millionen Menschen. Die größten Ansiedlungen – Dörfer im Mittleren Osten – haben bis zu 5000 Einwohner.
- Etwa zu dieser Zeit wird das gesamte Schwarze Meer in kurzer Zeit durch das ansteigende Wasser des Mittelmeers aufgefüllt.
- Die Menschen besitzen schon Bürsten, Nadeln, Kämme, Fischernetze und Boote. Die Schrift (etwa 4000 v. Chr.) und das Rad (ca. 3200 v. Chr.) müssen sie erst noch erfinden.
- Zwischen 8000 und 6000 v. Chr. bedeckte die heutige Wüste Sahara ein weites Grasland mit bewaldeten Hochebenen und Süßwasserseen. Um 5000 v. Chr. war die Sahara schon trockener, aber die Menschen konnten hier immer noch Vieh halten.

„Im Dorf herrscht geschäftiges Treiben. Das neue Haus ist fast fertig. Die Lehmwände stehen schon. Nur oben auf dem Holzgerüst muss noch Stroh – Hirsestroh und Schilf – befestigt werden um das Dach abzudichten. Andere Leute fällen Bäume, um mehr Platz für Getreidefelder zu schaffen oder bringen die wertvolle Ernte ein. Kinder laufen den erfolgreich zurückgekehrten Jägern, die ein junges Wildschwein erlegt haben, entgegen. Ihre aufgeregten Schreie übertönen das Quieken und Grunzen der Schweine und das Meckern der Ziegen."

NORD-CHINA

VOR ETWA 5000 Jahren schmolz die Eiskappe, die diesen Landstrich einst vollständig bedeckt hatte. Der Meeresspiegel liegt noch immer tiefer, da anderswo noch viel Wasser in ausgedehnten Gletschern eingefroren ist, so dass zu dieser Zeit das ganze Gebiet Land ist. Menschen leben und jagen in den üppigen, dichten Waldgebieten. Einst zogen hier *Mastodons* umher, die jetzt ausgestorben sind. Es gibt aber noch viele Hirsche.

IN SÜDWEST-FRANKREICH errichten Menschen eine kleine Siedlung. Sie fällen Bäume und verbrennen sie um eine Lichtung zu schaffen. Ringsum heben sie einen Graben zum Schutz vor wilden Tieren aus. Die Häuser werden aus Lehm, Ästen und Stroh gebaut. Die Siedler pflanzen Getreide an, halten Schweine, Ziegen und Schafe, die Milch, Fleisch, Wolle und Häute liefern, und stellen Vorratstöpfe aus gebranntem Lehm her.

5000 v. Chr.

IN ÄGYPTEN beginnen die Menschen Vieh zu halten, Getreide anzubauen und in Dörfern zu leben. Jeden Sommer steigt das Nilwasser an. Es überschwemmt das Tal und hinterlässt eine dünne Schicht neuen, fruchtbaren Erdreichs an beiden Ufern. Das Klima des Niltals ist kühler und feuchter als heute. Große Wildtiere wie Elefanten und Giraffen gedeihen in der grünen Landschaft.

IN NORDCHINA gibt es weichen gelben Lössboden. Er ist sehr fruchtbar. So können die Menschen reichlich Getreide anbauen. Die bevorzugten Sorten sind Hirse, eine Grasart, aus der sie Brot backen, und Hanf, aus dem sie Kleidung herstellen. In der Mitte jedes Dorfes steht eine große pyramidenförmige Hütte, in der die Leute zusammenkommen.

DIE WELT VOR 20.000 JAHREN

• Dieser Abschnitt der Erdgeschichte heißt Pleistozän. Es ist die Eiszeit, ein Zeitalter mit abwechselnd kalten und warmen Abschnitten (Zwischeneiszeiten). Während der Kälteperioden ist der Erdball bis zu einem Drittel mit Eiskappen bedeckt.

• Dies ist der kälteste Augenblick der letzten Kältephase. Die Gletscher enthalten so viel gefrorenes Wasser, dass der Meeresspiegel 100 Meter tiefer liegt als heute. Zwischen den einst durch ein Meer getrennten Kontinenten Asien und Nordamerika ist trockenes Land.

• Auf der Erde leben schätzungsweise 4 Millionen Menschen. Menschen leben in Afrika, Asien, Europa – und nun auch in Australien, das sie von Südostasien aus etwa 30.000 Jahre zuvor besiedelten. Man weiß nicht, ob schon Menschen in Amerika leben.

• Die Menschen erfanden Speere, Äxte, Pfeil und Bogen und Lampen (in denen tierisches Fett verbrannt wird).

• Das größte Tier ist das Mammut. Es ist ungefähr 4,5 Meter hoch und hat mehr als 5 Meter lange Stoßzähne.

„Ohrenbetäubendes, markerschütterndes Gebrüll hebt an. Ein riesiges Wollhaariges Mammut bricht im Schnee zusammen. Männer schreien und schwenken triumphierend ihre Speere in der Luft und rammen sie mit letzter Kraft in den Körper des sterbenden Tieres. Aus den Höhlen am Hang stürzen Leute herbei, um das große Ereignis mitzuerleben. Zwei der tapferen Jäger sind verletzt, aber dafür ist die Sippe viele Tage lang mit Nahrung versorgt. Ein Luchs wird durch den Lärm verscheucht und eine Herde Moschusochsen äugt argwöhnisch herüber."

SÜDWEST-FRANKREICH

vor 20.000 Jahren

NORDAMERIKA liegt zum größten Teil unter einer mächtigen Eiskappe, die stellenweise etwa 3 Kilometer dick ist. Im Süden reicht sie bis über das heutige New York City hinaus. Das Eis breitete sich in den vergangenen 5000 Jahren von den Polargebieten her aus. Da sich das Klima langsam erwärmt, weicht das Eis bald wieder nach Norden zurück bis in die Arktis und nach Grönland, wo es heute ist.

SÜDWEST-FRANKREICH ist ein kaltes, ödes, baumloses Land. Wenn der Schnee schmilzt, was selten vorkommt, ist der Boden mit Gras und Moos bedeckt. Die Menschen leben hauptsächlich vom Jagen und Fischen. Hier jagen sie gerade ein Wollhaariges Mammut mit Speeren. Tief in den Höhlen hinterlassen diese Menschen wundervolle Malereien von den Tieren, die sie jagen. Wir können sie dort heute noch bewundern.

DA SO VIEL Wasser in Gletschern eingefroren ist, ist der Wasservorrat der Erde weniger geworden. In den weit von den Eiskappen entfernten tropischen Gebieten wurde der Regen spärlicher. Flüsse trockneten aus, die Regenwälder schrumpften und die Wüsten dehnten sich weit aus. Der einst so mächtige Nil ist ein träger Bach, der sich durch eine karge Landschaft windet.

DIE MENSCHEN in Nordchina leben in einem Land ohne Sommer. Es ist schwierig Nahrung zu finden, weil nur sehr wenig Pflanzen wachsen. Die Menschen sind auf die Jagd angewiesen. Zum Glück gibt es viele Tiere wie das Wollhaarige Nashorn. Menschengruppen leben in einfachen Hütten aus Zweigen, die mit Häuten bedeckt und mit Steinen beschwert sind.

DIE WELT VOR 500.000 JAHREN

• Es herrscht die Eiszeit, doch dieser Zeitpunkt fällt in eine der warmen Zwischeneiszeiten. Die Eiskappen haben sich an die Pole zurückgezogen. Subtropische Bedingungen herrschen im Norden bis nach Norddeutschland.

• Menschen wie wir gab es damals noch nicht. Aber es leben Urmenschen, die man *Homo erectus* ("aufrechter Mensch") nennt. Vielleicht sind sie unsere direkten Vorfahren. Der *Homo erectus* erschien erstmals vor ungefähr 1,7 Millionen Jahren in Afrika. Seitdem breitete er sich nach Asien, China, Südostasien und – wahrscheinlich – Europa aus.

• Die Urmenschen entdeckten, wie sie Feuer machen und nutzen konnten. Sie machten Äxte und Faustkeile aus Steinen oder Gesteinssplittern zum Schneiden von Fleisch und verarbeiteten Hirschgeweihe und Holzstöcke zu Werkzeugen und Waffen.

„Das Feuer knistert und sprüht Funken. Der Geruch von gebratenem Fleisch zieht durch die Luft. Eine Gruppe affenähnlicher Urmenschen macht sich in der Nähe des Feuers zu schaffen. Die Frauen kümmern sich um ihre Kleinen oder sammeln Feuerholz, die Männer stellen Werkzeuge her oder sitzen am Feuer. Ganz offensichtlich verständigen sie sich mit einer Mischung aus Worten und Gesten. Plötzlich taucht ein Rudel mordgierig bellender Hyänen auf. Sie werden mit Holzknüppeln verjagt."

vor 500.000 Jahren

NORDAMERIKA ist noch viele Jahrtausende lang nicht von Menschen bewohnt, aber Tiere aus weit entfernten Erdteilen haben den Weg hierher gefunden. Das *Mastodon*, eine Art Elefant mit besonders langen Stoßzähnen, ist aus Asien eingewandert. Riesenfaultiere wie das *Glossotherium* kamen aus Südamerika in den Norden. All diese Tiere werden von den riesigen, gefährlichen Säbelzahntigern gejagt.

ELEFANTEN ziehen durch die heißen subtropischen Wälder Südwest-Frankreichs. Die Menschen können sie nicht jagen, weil ihre Holzspeere zu leicht sind um die dicke Haut dieser Riesen zu durchdringen. Aber manchmal bleibt ein Elefant im Sumpf stecken und die Menschen können ihn erlegen. Sie können ihn auch in so eine Sumpffalle treiben, wenn sie ihn mit brennenden Fackeln jagen. Dann wird das Tier mit Faustkeilen zerlegt.

DIE TROCKENEN WEITEN der Wüste Sahara wurden von wogenden Graslandschaften und Wäldern abgelöst. Der Nil fließt durch ein fruchtbares Land, das von Tieren bewohnt wird, die wir heute noch kennen: Nashörner, Nilpferde, Zebras und Löwen. Wenn die Eiskappen einst zurückkehren, wird dieses Land wieder zur Wüste und die Tiere wandern nach Süden.

PRÄHISTORISCHE Menschen namens *Homo erectus* leben in Höhlen in Nordchina. Diese Menschen haben vorstehende Kiefer, dicke Augenwülste und fliehende Schädel. Sie sind geübte Werkzeugmacher und haben gelernt, wie man Essen auf dem Feuer zubereitet. Sie sind zwar geschickte Jäger, aber sie sind noch immer Angriffen von wilden Tieren ausgeliefert.

DIE WELT VOR 35 Millionen Jahren

- Diese Stufe der Erdgeschichte heißt Oligozän. Damit wird ein kühlerer Abschnitt des Erdklimas bezeichnet, der auf die Millionen Jahre andauernde Hitzeperiode im Eozoikum folgte, in dem beide Pole bewaldet waren.
- Es gibt kein Gras. Es erscheint erst etwa 15 Millionen Jahre später.
- Alle Kontinente außer Europa und Asien sind voneinander getrennt. Landsäugetiere, die die Meere zwischen den Kontinenten nicht durchqueren können, entwickeln sich auf jedem Kontinent unterschiedlich. (Die Affen finden jedoch damals irgendwie einen Weg von Afrika nach Südamerika.)
- Das größte Landtier ist das *Indricotherium* (siehe rechte Seite). Seine Schulterhöhe beträgt vier Meter und es wiegt ungefähr 15 Tonnen.
- Es gibt keine Menschen und wird noch mindestens 30 Millionen Jahre keine geben.

„Aufgeregtes Schreien und Schnattern ertönt. Die großen Waldtiere sind zum Trinken ans Wasser gekommen, was die in den benachbarten Bäumen lebenden Vögel und Affen stets in Aufruhr versetzt. Die Neuankömmlinge sehen merkwürdig vertraut aus. Einer ist elefantenähnlich, aber er hat nur einen kurzen Rüssel und vier Stoßzähne, von denen die zwei unteren flach wie eine Schaufel sind. Dort scheinen Nashörner zu sein, aber von vorne erkennt man, dass sie zwei gewaltige Hörner und zwei seltsame, knopfartige Fortsätze auf dem Kopf tragen.“

NILTAL, ÄGYPTEN

NEW YORK ist ein heißer, sumpfiger Urwald. Wundersame Tiere wie die drei Meter großen *Brontops*, die zur prähistorischen Säugetiergruppe der *Brontotherien* gehören, suhlen sich im seichten Wasser. Sie tragen auffällige Knochenfortsätze auf der Schnauze, mit denen sie bei Rangkämpfen andere Männchen stoßen. In weniger dicht bewachsenen Waldgebieten streifen kleine Urpferde namens *Mesohippus* umher.

Südwest-Frankreich ist von dichten Sumpfwäldern bedeckt. Das Klima ist heiß und feucht. Verschiedene Nashornarten sind in Europa verbreitet, darunter das hornlose *Trigonias*, das erste bekannte Mitglied der Familie der heutigen Nashörner. In den überhängenden Ästen eines Baumes belauert es der leopardenähnliche *Nimravus*, eine der frühesten Katzen. Fledermäuse und ein Opossum sind weitere Bewohner des nächtlichen Waldes.

DER NIL fließt durch einen tropischen Regenwald. Im Wasser suchen Tiere nach Nahrung, wie das *Arsinoitherium*, eine Art Nashorn mit zwei Hörnern, und *Phiomia*, ein Urelefant. Dabei werden sie von affenartigen Tieren beobachtet, die in den Bäumen herumklettern. Diese Lebewesen sind die ersten bekannten Primaten, die Tiergruppe, zu der auch die Menschen gehören.

NORDCHINA ist ein Land mit vielfältigen Bäumen und Sträuchern. Die Blätter der höchsten Äste frisst das *Indricotherium*, das zu den Urnashörnern gehört. Ein anderer riesiger Blattfresser, *Embolotherium*, hat ein seltsames Knochengebilde auf dem Kopf. Im Boden wühlt ein urtümliches Schwein, *Archaeotherium*, herum, gejagt von zwei bösartigen *Hyaenodons*.

DIE WELT VOR 80 Millionen Jahren

- Diese Stufe der Erdgeschichte heißt Kreidezeit oder Jura. Weite Teile der Erde sind von Ozeanen oder flachen Meeren bedeckt. Die Landfläche macht nur etwa die Hälfte der heutigen aus.
- Indien ist eine Insel. Nordamerika ist in zwei "Inseln" geteilt, Osten und Westen. Die Antarktis ist mit Australien verbunden. Es ist ein warmer Kontinent, der mit Wäldern und Strauchwerk bedeckt ist.
- Am Ende der Kreidezeit in etwa 15 Millionen Jahren sterben ungefähr 75% aller lebenden Arten, auch die Dinosaurier, aus.
- Die Dinosaurier sind die einzigen großen Tiere, die zu dieser Zeit an Land leben. Reptilien beherrschen die Lüfte und Meere. Es gibt auch einige Vogelarten und verschiedene kleine Säugetierarten.

„Plötzlich bricht ein Gebrüll los, das das Blut gefrieren lässt. Unmittelbar darauf hört man ohrenbetäubende Panikschreie und das Stampfen von Füßen. Ein riesiger Dinosaurier stürzt sich auf einen anderen, der ebenfalls von gigantischer Größe ist. Mit schrecklicher Gewalt schlägt das Raubtier seine dolchartigen Zähne in das Fleisch des Opfers. Gleichzeitig findet ein Kampf zwischen einem Rudel kleinerer Raubsaurier und zwei Horndinosauriern, die ihr Nest verteidigen, statt. Sie stoßen grimmige, krächzende Schreie aus. Ein Horndinosaurier kann tatsächlich einen seiner Angreifer zu Boden werfen. Zwei schlanke Laufsaurier galoppieren vom Schauplatz weg.“

vor 80 Millionen Jahren

NEW YORK ist ein heißer, dichter, sumpfiger Wald. Rudel von *Hadrosauriern* ziehen am Wasser entlang, auf der Suche nach Wasserpflanzen. Diese "Entenschnabelsaurier" (wegen ihrer flachen, schnabelförmigen Mäuler) sind stets auf der Hut vor bösartigen fleischfressenden Dinosauriern, die sie jederzeit von irgendwoher angreifen können. Nach Einbruch der Nacht huschen winzige, spitzmausartige Säugetiere im Wald umher.

SÜDWEST-FRANKREICH liegt wie weite Teile Südeuropas unter dem Meer. Nur einstige Bergspitzen erheben sich als kleine, felsige Inseln aus den Wellen. Riesige *Plesiosaurier*, Meeresreptilien mit langen, schlangenartigen Hälsen, schwimmen knapp unter der Wasseroberfläche. Ihre Köpfe schnellen hin und her, sie schnappen mit ihren Kiefern nach Fischen. Die über ihnen kreisenden Seevögel und Flugreptilien lauern auf die Reste.

DAS NILTAL bedeckt eine weite Fläche langsam fließenden, brackigen Wassers. Es ist der Lebensraum des *Spinosauriers.* Dieser fleischfressende Dinosaurier watet auf der Jagd nach Fischen durch das seichte Wasser. Blitzschnell spießt er einen mit seinen scharfen Daumenkrallen auf und verschlingt ihn. Mit ihrem Rückensegel nimmt die Echse wärmende Sonnenstrahlen auf.

DAS KLIMA ist trocken und heiß. Blühende Pflanzen sind die Nahrung für pflanzenfressende Arten wie den *Shantungosaurier* und den kleinen Horndinosaurier *Protoceratops.* Sie sind wiederum die Beute der riesigen *Tarbosaurier* oder kleinerer, geschickter Jäger wie dem *Velociraptor*. Von oben stürzen sich riesige *Pterosaurier* in der Größe von kleinen Flugzeugen herab.

vor 80 Millionen Jahren

DIE ERDE VOR 300 Millionen Jahren

• Diese Stufe der Erdgeschichte heißt Karbon. Der Name kommt von großen Kohlevorkommen (*carbo* ist das lateinische Wort für Kohle), die aus den riesigen, sumpfigen tropischen Wäldern dieser Zeit entstanden.

• Die größten Lebewesen sind Bäume: riesige Bärlappgewächse (*Lepidodendren*) können bis zu 40 Meter hoch werden. Das größte Tier ist vermutlich *Eogyrinus*, eine bis zu fünf Meter große, langgestreckte Amphibie (ein Lungenatmer, der aber im Wasser lebt).

• Afrika, Südamerika, Australien, die Antarktis und Südasien bilden den Großkontinent *Gondwana*. Während er nordwärts driftet, stößt er mit *Laurasia* zusammen, einem anderen Großkontinent aus Nordamerika, Grönland, Europa und dem restlichen Asien.

• Nordamerika, Grönland und Nordeuropa liegen auf dem Äquator.

„Es ist sehr heiß und feucht. Überall sind hohe Bäume. Der Boden ist weich und morastig. Da und dort hat sich abgestandenes Wasser in kleinen Tümpeln voller verfaulender Pflanzen gesammelt. Insekten – einige so groß wie Vögel – schwirren hin und her. Ihr Flügelschlag ist als lautes Brummen zu hören. Kleine Tiere krabbeln auf Ästen und unter Blättern entlang. Ein riesiger Tausendfüßler windet sich einen Baumstamm hinauf und ein echsenartiges Lebewesen sitzt reglos auf einem umgefallenen Baumstamm, jederzeit zur Flucht bereit. Mehrere plumpe, an Drachen erinnernde Wesen, lassen sich im Sumpf treiben oder klettern bedrohlich schnaufend an Land.“

NEW YORK
USA

NEW YORK ist ein dichter, tropischer, sumpfiger Wald. Insekten, darunter gigantische Libellen mit Flügelspannweiten wie Möwen, schwirren zwischen hohen Bäumen und riesigen Farnen umher. Im sumpfigen Wasser liegen Amphibien. Vor Jahrmillionen lernten einige Fische, mit ihren Seitenflossen auf dem Land zu laufen und Luft zu atmen. Einige Amphibien leben jetzt immer auf dem Land: Es sind die ersten Reptilien.

SÜDWEST-FRANKREICH ist von einem seichten, tropischen Meer mit vielen Korallenriffen bedeckt, in dem es von Leben wimmelt. Seesterne, Seeigel und Ammoniten leben in den Korallen. Das Meer beherrschen Fische, besonders Haie. Manche Haiarten sehen sehr merkwürdig aus. Ein Hai, *Stethacanthus*, sieht aus, als habe er eine stachelige Bürste auf dem Rücken – tatsächlich sind es dutzende von Zähnen.

DAS HEUTIGE Ägypten liegt auf der Südhalbkugel. Üppige Sumpfwälder wachsen in den Tropen im Norden, während sich dicke Eiskappen vom Südpol her ausbreiten. Hier, im Gebiet dazwischen, ist Wüste. Ein paar vertrocknete Farne wachsen zwischen den Felsen und im Sand, aber vom reichen Tierleben der nördlichen Wälder gibt es hier keine Spur.

NORDCHINA ist wie Teile von Nordamerika und Europa ein heißer, unter Wasser stehender Wald, in dem sich im Laufe von Jahrmillionen Pflanzen und anderes lebende Material Schicht um Schicht zersetzen, zusammengepresst werden und schließlich zu dicken Kohleflözen werden, manche über 100 Meter dick. Heute befindet sich an dieser Stelle ein Kohlebergwerk.

DIE ERDE VOR 550 Millionen Jahren

- Diese Stufe der Erdgeschichte heißt Kambrium. Zu dieser Zeit findet eine explosionsartige Vervielfältigung der Lebensformen im Meer statt. An Land gibt es kein Leben.
- Die Kontinente liegen woanders als heute (im Laufe von Jahrmillionen schieben sie sich langsam um den Erdball). Ein großer Teil der Kontinente ist von flachen Meeren bedeckt. Nordamerika liegt in den Tropen. Nordeuropa und Sibirien befinden sich auf der Südhalbkugel.
- Afrika, Südamerika, Australien, die Antarktis und Südasien bilden den Großkontinent *Gondwana*. Die Antarktis liegt auf dem Äquator und Westafrika in der Nähe des Südpols.
- In den Ozeanen leben die Vorfahren der heutigen Tiere, wie Schwämme, Quallen, Plattwürmer, Gliederfüßer (Arthropoden) und Weichtiere (Mollusken). Es gibt keine Fische.
- Das größte Lebewesen ist vermutlich der 60 cm lange *Anomalocaris* (links in der Mitte).

„Es ist wie in einem Science-Fiction. Da ist ein winziges Tier mit fünf pilzförmigen Augen und einem Rüssel, der in zangenartigen Kiefern endet. Und dort schwimmt ein großes Tier mit einem schleierartigen Körper und zwei stacheligen Greifern am Kopf. Auf dem Meeresgrund kriechen sonderbare Lebewesen langsam umher. Eines ähnelt einer überall mit Stacheln übersäten, schuppigen Kugel. Ein anderes ist ein Wurm mit sieben Paar Stelzenbeinen und nadelartigen Stacheln auf dem Rücken. Durch diese merkwürdige Tierschau schwimmt ein blasses, wurmartiges Lebewesen, das sich nicht sehr von einem heutigen fischähnlichen Tier, dem Lanzettfischchen, unterscheidet."

JEDES UNSERER vier „Erdfenster", New York, Südwestfrankreich, das Niltal und Nordchina, liegt unter Wasser. Das warme Erdklima ließ die Eiskappen an den Polen schmelzen und das Meer drang weit auf die Landmassen vor. Unter der Oberfläche eines warmen Binnenmeeres könnte es so ausgesehen haben. Es gibt eine erstaunliche Vielfalt von Lebensformen im Meer, aber kein Leben auf dem Festland. Einige Tiere sitzen am Meeresgrund fest, andere kriechen durch den Schlamm oder schwimmen im Wasser herum. Zwischen Korallen und Schwämmen leben eigenartige Wesen, die keinen uns heute bekannten ähneln.

DIE ERDE entstand vor 4,6 Milliarden Jahren. Wir wissen nicht genau wie, aber es gibt eine allgemein anerkannte Theorie. Das Sonnensystem war einst eine Wolke aus Gas und Staub im Weltraum. Irgendetwas, vielleicht eine Druckwelle von einem explodierenden Stern, ließ die Wolke unter ihrer eigenen Schwerkraft zusammenbrechen. Eine riesige, sich drehende Scheibe wurde in Bewegung gesetzt. Ihr Zentrum, in dem die Schwerkraft am stärksten war, erhitzte und verdichtete sich. Aus diesem energiereichen Kern entstand unsere Sonne. Die Staubteile, die um das Zentrum kreisten, ballten sich zu Felsbrocken und dann zu großen Gesteinskörpern zusammen. Einer davon war die junge Erde.

In ihrer Frühzeit war die Erde dem unaufhörlichen Beschuss von Meteoriten ausgesetzt, die aus dem All auf den Boden schlugen (1). Diese Einschläge ließen die Oberflächentemperatur der Erde ansteigen, bis sie ein Meer von heißem Gesteinsbrei bedeckte (2). Die Oberfläche kühlte ab, doch in Vulkanen durchbrachen Gase wie Wasserstoff, Sauerstoff und Stickstoff die feste Kruste (3). Das war der Anfang der Erdatmosphäre. Wasserdampf stieg empor und bildete dicke Wolken. Regen fiel, der Becken und große Ozeane bildete (4). Flache Becken mit warmem Wasser waren vermutlich der ideale Ort zur Entstehung von chemischen Stoffen, die die ersten Bausteine des Lebens waren.

1

2

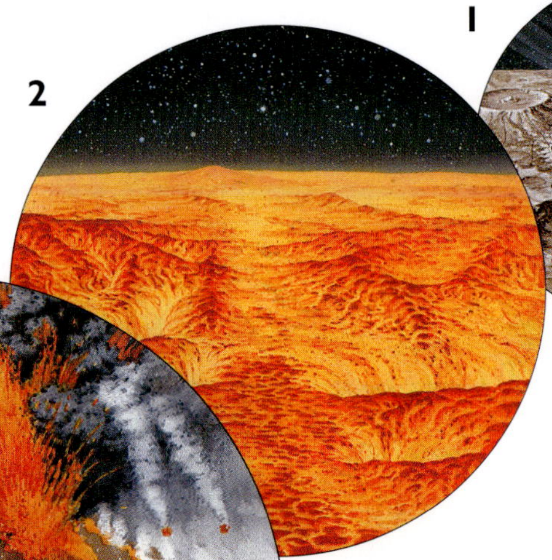

3

4

vor 550 Millionen Jahren

Vor 600 Millionen Jahren
Die ersten bekannten Tiere treten auf: Federkorallen und Quallen.

Vor 1 Milliarde Jahren
Die ersten komplexen Lebensformen sind Seetangarten.

Vor 2 Milliarden Jahren
Primitive Organismen im Meer geben Sauerstoff in die Erdatmosphäre ab. Erste Algen treten auf.

Vor 3,5 Milliarden Jahren
Die ersten bekannten Lebensformen entstehen: Bakterien.

Vor 3,8 Milliarden Jahren
Kohlenstoffmoleküle, die Grundlage allen Lebens, entstehen.

Vor 4,6 Milliarden Jahren
Die Erde entsteht.

Vor 10-15 Milliarden Jahren

DAS UNIVERSUM entsteht. Es besteht aus Galaxien, dem Weltraum, Sternen, den Planeten und Monden. Alle Lebensformen, auch der Mensch, alle Dinge, Gase, Flüssigkeiten und so weiter gehören zum Universum. Die Geburt des Universums fand vermutlich in einer gewaltigen Explosion, dem sogenannten Urknall, statt. Bei dieser Explosion wurden die gesamte Materie, Energie, Raum – und selbst die Zeit – geschaffen. Dieser Augenblick ist das Ende unserer Reise: der Anfang der Zeit.

Von dem Moment an, in dem das Universum entsteht, dauert es noch ungefähr 100 000 Jahre bis die Atome, die Bausteine der Materie, aus ihren Bestandteilen, winzigen subatomaren Partikeln, gebildet werden. Wahrscheinlich etwa 1 Milliarde Jahre später verdichten sich Gase und bilden die ersten Galaxien, riesige Haufen von Sternen. Eine dieser Milliarden Galaxien wird der Geburtsort unseres eigenen Sterns, der Sonne sein. Um sie herum werden Milliarden von Jahren später die Erde und alle anderen Planeten unseres Sonnensystems entstehen.